Und so geht's:

Das Beispiel auf dieser Seite zeigt, wie du mit miniLÜK spielst.

Öffne das miniLÜK®-Lösungsgerät und lege den durchsichtigen Boden des Lösungsgerätes auf die untere Übungsseite deines miniLÜK-Heftes!
Nimm Plättchen 1 und sieh dir Aufgabe 1 an!

Dort siehst du eine gelbe Form, die du in grün auf der unteren Seite in Feld 9 wiederfindest.
Lege Plättchen 1 auf die grüne Form in Feld 9!
So spielst du weiter, bis alle 12 Plättchen auf dem durchsichtigen Teil des Lösungsgerätes liegen und keine Bilder mehr zu sehen sind.

Dann schließt du das Lösungsgerät und drehst es um. Wenn du das bei der Übung abgebildete Muster siehst, hast du alles richtig gemacht.

Passen einige Plättchen nicht in das Muster, löst du diese Übungen noch einmal. Stimmt es jetzt?

Und nun viel Spaß!

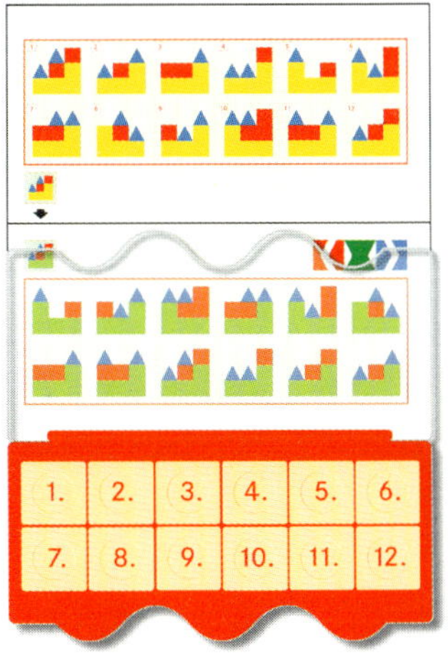

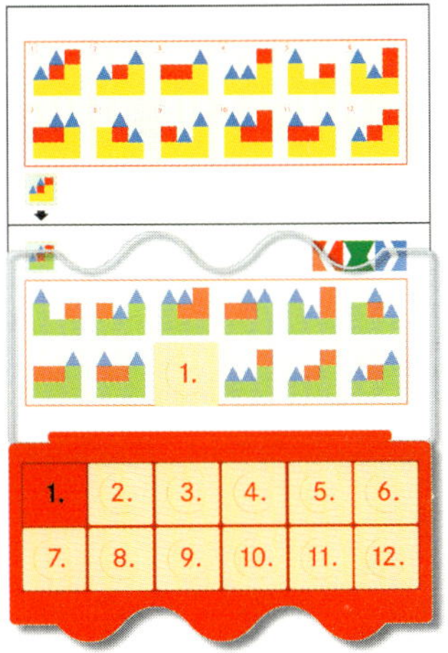

9783894142728
W0332052

Zähle!

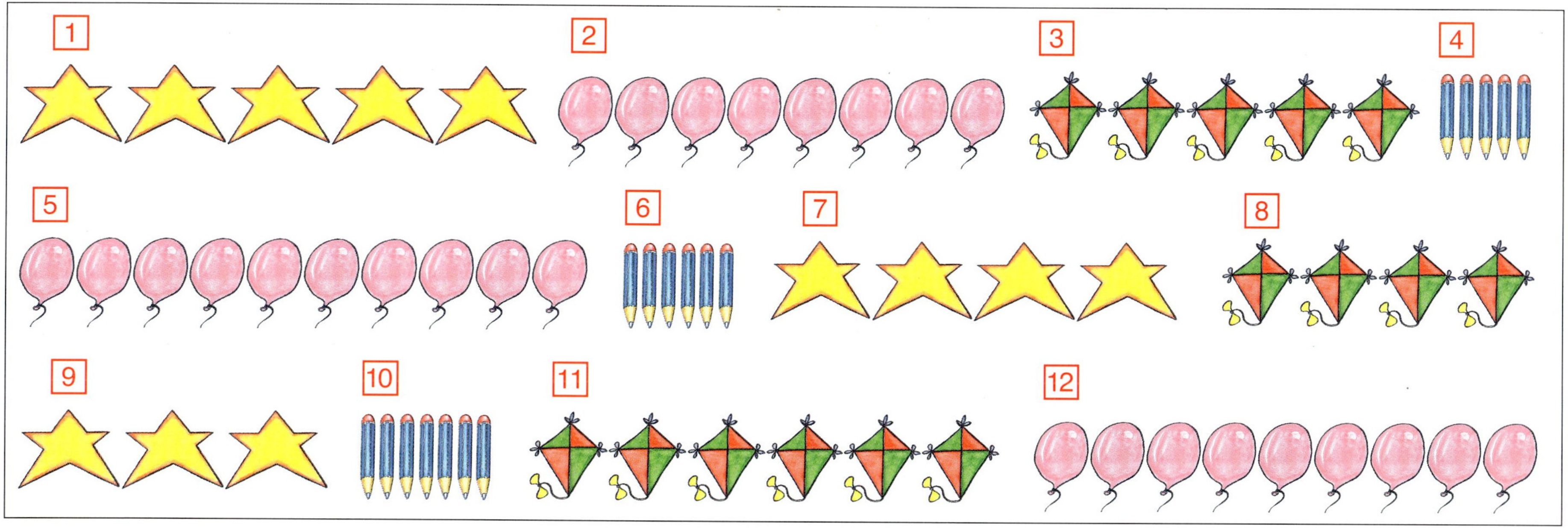

5

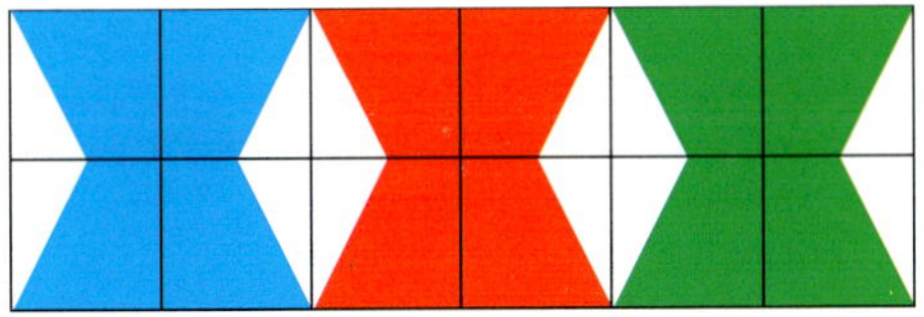

1	2	3	4	5	6
4	9	6	10	7	4
7	8	9	10	11	12
8	6	3	5	5	5

Wie viele Punkte sind das jeweils zusammen?

7

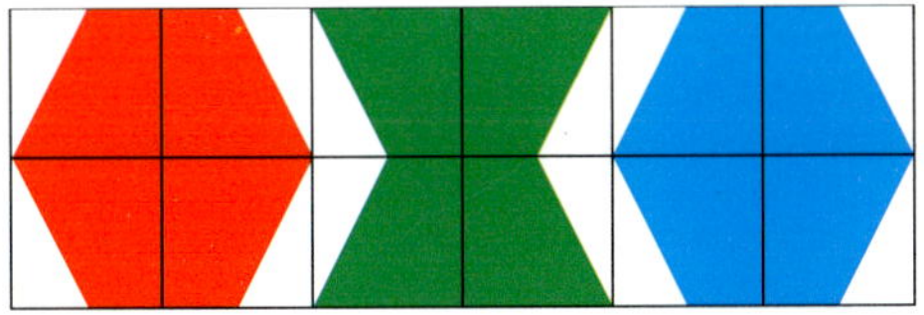

1 5	2 6	3 9	4 6	5 5	6 8
7 4	8 4	9 7	10 7	11 9	12 8

Finde die richtige Lösung!

1 — 5 · 2+4= · 6	2 — 5 · 4+1= · 6	3 — 5 · 2+3= · 6	4 — 5 · 1+5= · 6
5 — 5 · 1+4= · 6	6 — 5 · 0+6= · 6	7 — 5 · 0+5= · 6	8 — 5 · 3+3= · 6
9 — 5 · 5+1= · 6	10 — 5 · 3+2= · 6	11 — 5 · 4+2= · 6	12 — 5 · 5+0= · 6

5 · 2+4= · 6

6

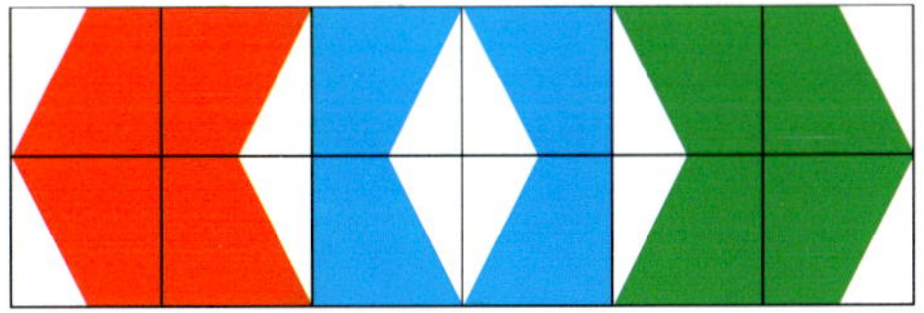

1
6
2
5
3
5
4
6
5
5
6
6
7
6
8
5
9
6
10
5
11
6
12
5

Sind das zusammen sechs, ja oder nein?

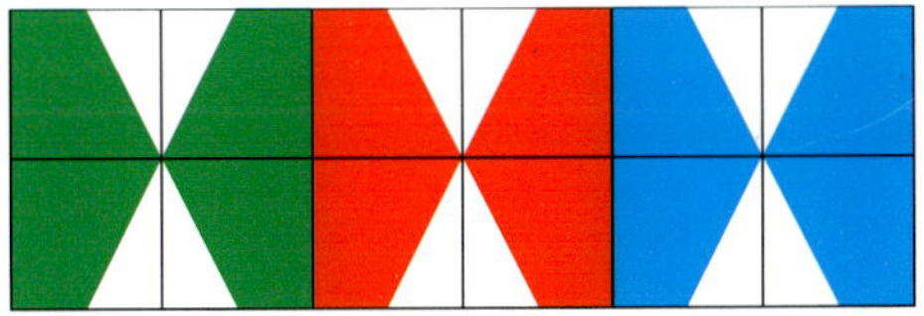

1 	2 	3 	4 	5 	6 
7 	8 	9 	10 	11 	12 

Suche das richtige Ergebnis!

1: 2 5 - 3 = 3	2: 2 3 - 0 = 3	3: 2 8 - 5 = 3	4: 2 6 - 4 = 3
5: 2 4 - 1 = 3	6: 2 7 - 5 = 3	7: 2 7 - 4 = 3	8: 2 3 - 1 = 3
9: 2 8 - 6 = 3	10: 2 5 - 2 = 3	11: 2 4 - 2 = 3	12: 2 6 - 3 = 3

2   5 - 3 =   3

2

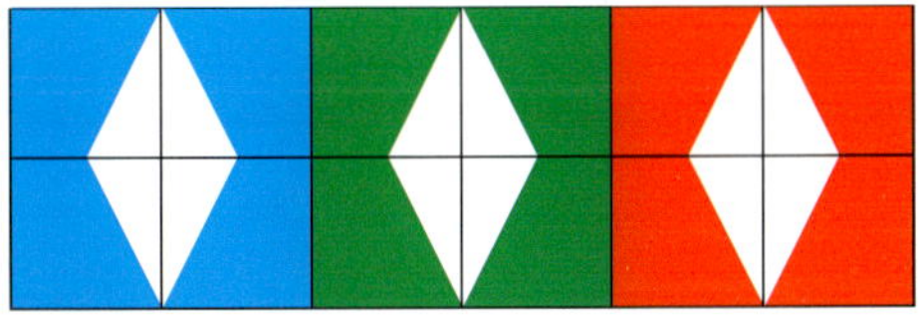

1
3
2
2
3
3
4
3
5
3
6
2
7
2
8
3
9
2
10
2
11
3
12
2

Welche Aufgabe hat die größere Lösung?

1	2	3	4	5	6
1+3=	5+2=	1+6=	5+1=	0+7=	1+4=
5+0=	3+3=	4+4=	3+4=	2+4=	3+3=
7	8	9	10	11	12
4+1=	3+2=	2+5=	1+5=	4+1=	6+2=
0+6=	4+0=	1+7=	2+3=	2+2=	4+3=

1+3=
5+0=

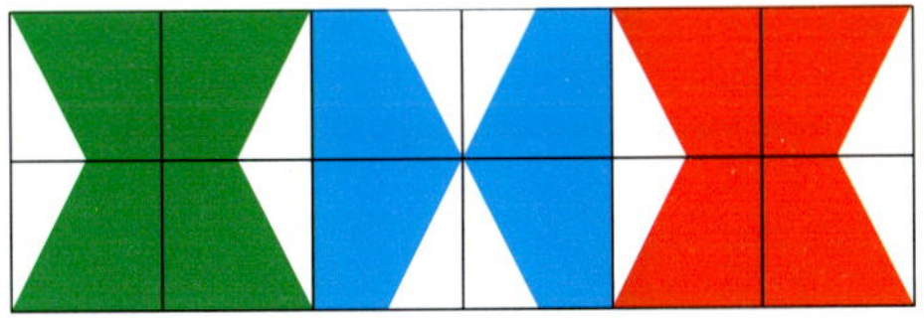

1

2

3

4

5

6

7

8

9

10

11

12
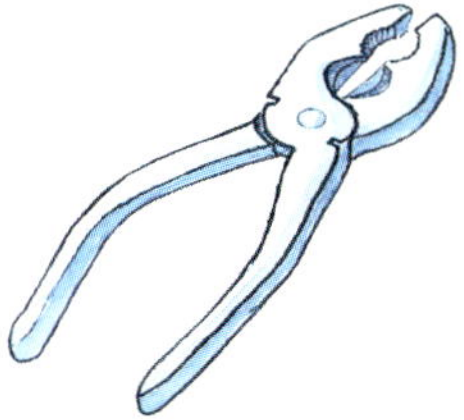

Bilde Plusaufgaben!

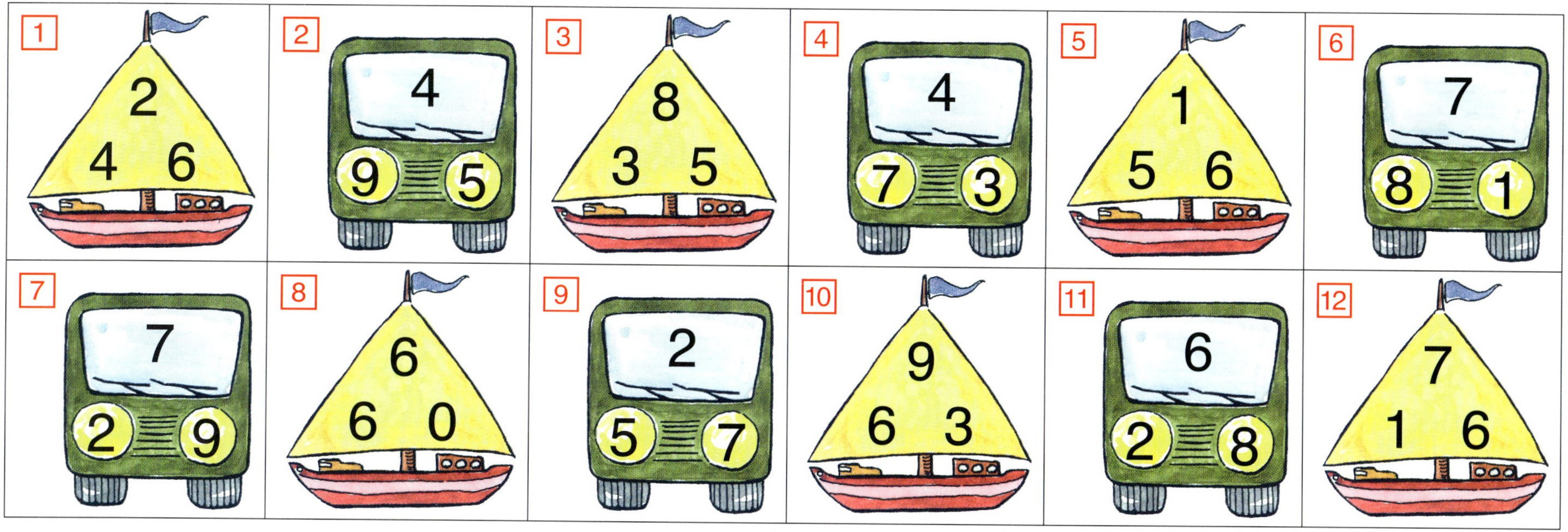

2 + 4 = 6
4 + 2 = 6

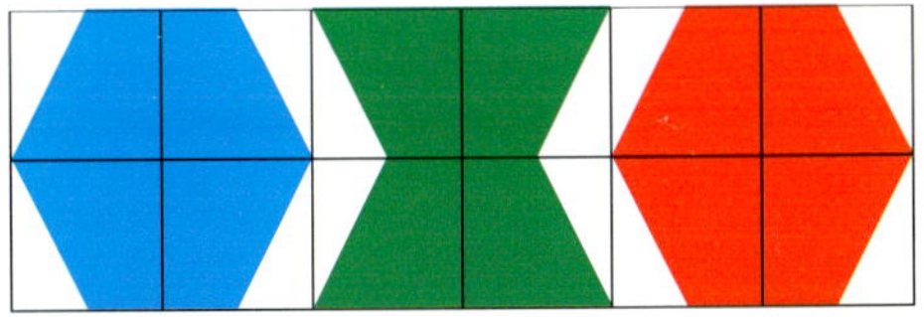

1 4 + 5 = 9 5 + 4 = 9	2 7 + 1 = 8 1 + 7 = 8	3 3 + 6 = 9 6 + 3 = 9	4 7 + 2 = 9 2 + 7 = 9	5 2 + 5 = 7 5 + 2 = 7	6 3 + 5 = 8 5 + 3 = 8
7 6 + 0 = 6 0 + 6 = 6	8 1 + 6 = 7 6 + 1 = 7	9 2 + 4 = 6 4 + 2 = 6	10 4 + 3 = 7 3 + 4 = 7	11 6 + 2 = 8 2 + 6 = 8	12 1 + 5 = 6 5 + 1 = 6

Welche Aufgabe hat die kleinere Lösung?

1	2	3	4	5	6
8-7=	10-7=	6-1=	9-3=	4-2=	5-0=
6-4=	5-3=	7-3=	7-0=	10-9=	9-5=

7	8	9	10	11	12
8-4=	6-2=	10-8=	9-4=	10-4=	9-2=
10-5=	8-5=	6-3=	6-0=	8-1=	7-1=

8-7=
6-4=

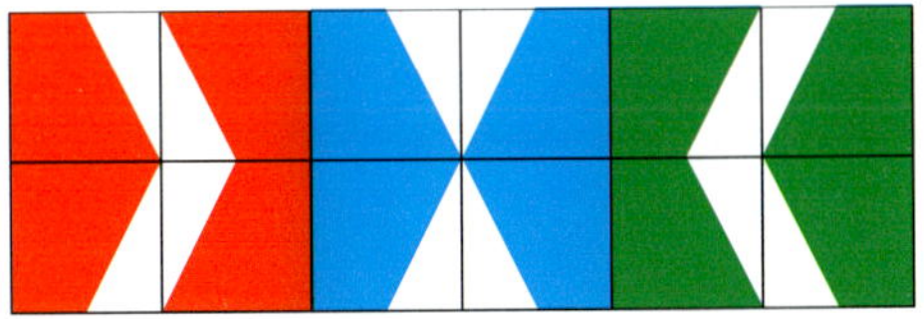

1 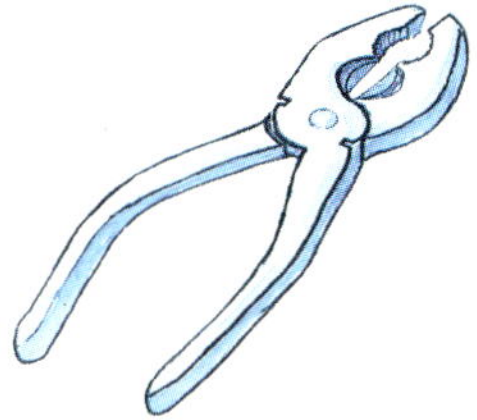	2 	3 	4 	5 	6 
7 	8 	9 	10 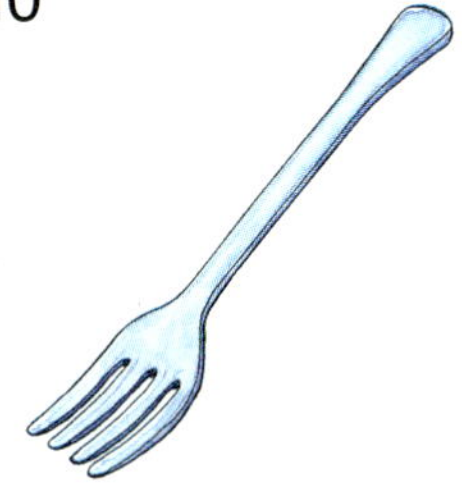	11 	12 

Bilde Minusaufgaben!

$8 - 2 = 6$
$8 - 6 = 2$

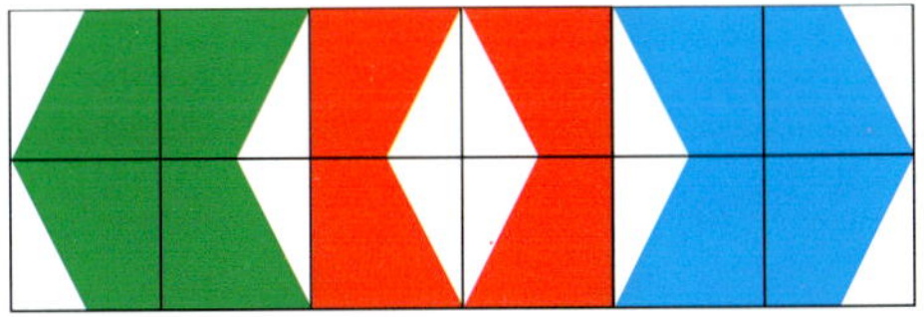

1 $8 - 2 = 6$ $8 - 6 = 2$	2 $9 - 7 = 2$ $9 - 2 = 7$	3 $7 - 4 = 3$ $7 - 3 = 4$	4 $9 - 3 = 6$ $9 - 6 = 3$	5 $6 - 2 = 4$ $6 - 4 = 2$	6 $6 - 6 = 0$ $6 - 0 = 6$
7 $7 - 2 = 5$ $7 - 5 = 2$	8 $8 - 1 = 7$ $8 - 7 = 1$	9 $9 - 4 = 5$ $9 - 5 = 4$	10 $8 - 5 = 3$ $8 - 3 = 5$	11 $7 - 1 = 6$ $7 - 6 = 1$	12 $6 - 5 = 1$ $6 - 1 = 5$

Plus und Minus im Wechsel

1	2	3	4	5	6
2 + 6 =	10 - 3 =	5 + 4 =	9 - 1 =	3 + 4 =	10 - 1 =
7 8 9	7 8 9	7 8 9	7 8 9	7 8 9	7 8 9
7	**8**	**9**	**10**	**11**	**12**
8 - 1 =	5 + 3 =	10 - 2 =	2 + 7 =	9 - 2 =	6 + 3 =
7 8 9	7 8 9	7 8 9	7 8 9	7 8 9	7 8 9

2 + 6 =

7 8 9

8

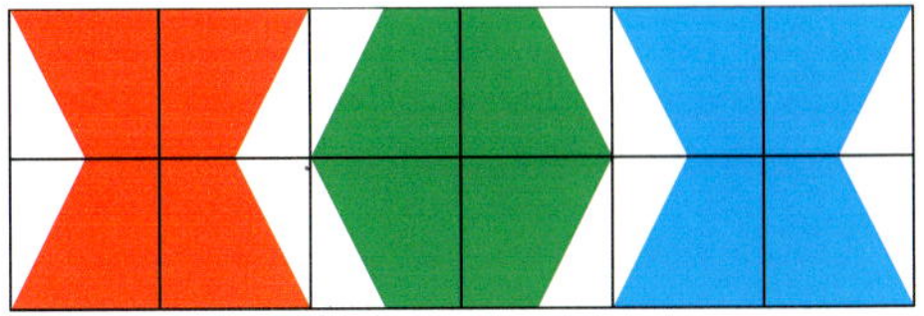

1	2	3	4	5	6
7	7	8	8	8	9
7	8	9	10	11	12
8	9	9	7	7	9

Welche Pfeile erreichen welche Gesamtpunktzahl?

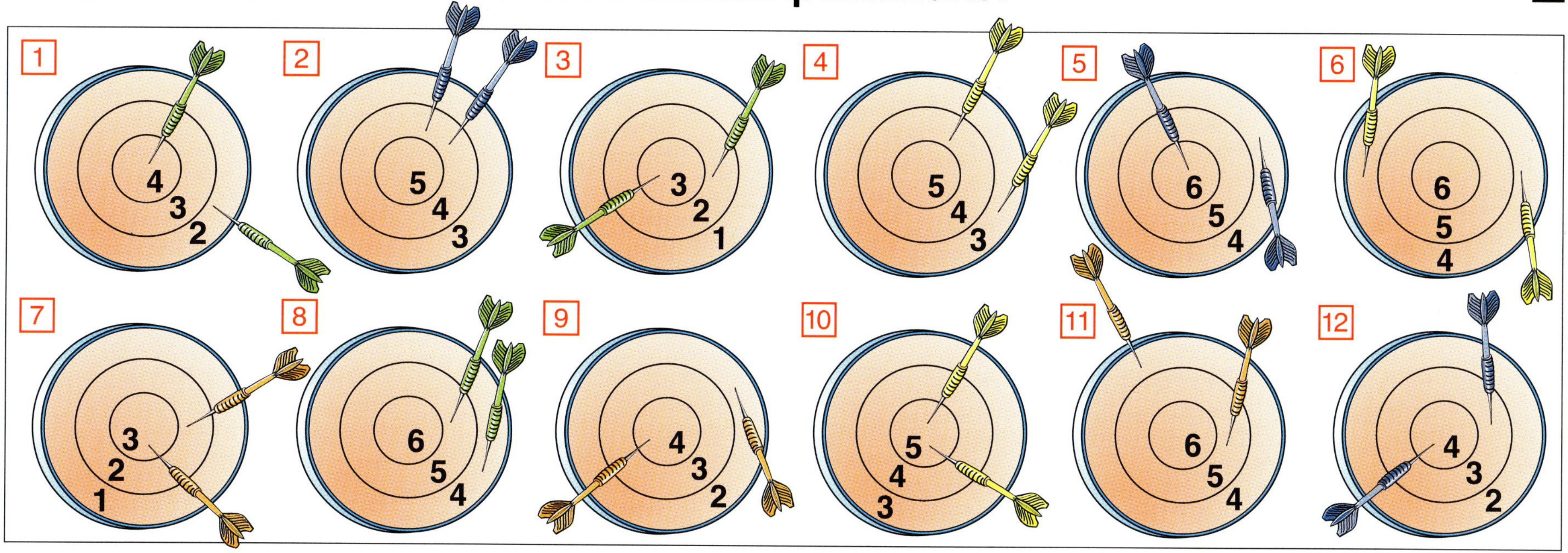

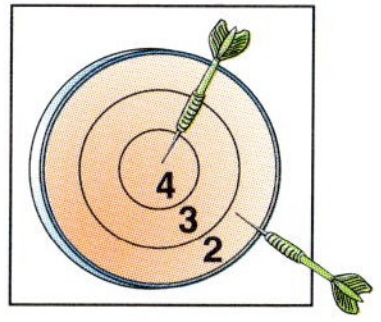

6

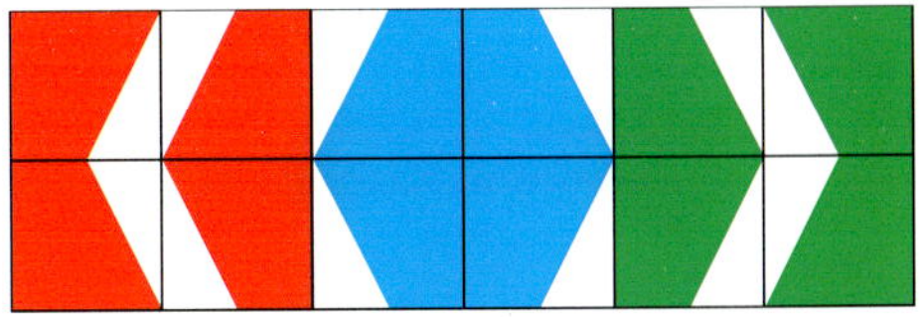

1 10	2 6	3 8	4 8	5 7	6 10
7 5	8 9	9 9	10 7	11 5	12 6

Wir rechnen bis 10

1 8 - 7 =	2 2 + 3 =	3 9 - 6 =	4 3 + 7 =	5 7 - 5 =	6 4 + 5 =
7 5 + 3 =	8 8 - 4 =	9 4 + 2 =	10 6 - 6 =	11 3 + 4 =	12 

8 - 7 =

1

	2 4	3 10	4 1	5 2	6 7
7 9	8 5	9 8	10 0	11 3	12 6